儿童安全锦囊

生活安全

王维浩　编著

科学普及出版社
·北　京·

图书在版编目（CIP）数据

儿童安全锦囊．生活安全 / 王维浩编著．-- 北京：科学普及出版社，2020.1

ISBN 978-7-110-09982-7

Ⅰ．①儿… Ⅱ．①王… Ⅲ．①生活安全－儿童读物 Ⅳ．① X956-49

中国版本图书馆 CIP 数据核字（2019）第 158786 号

序

张咏梅　儿童伤害预防教育专家、全球儿童安全组织（中国）高级传讯顾问、中国项目专员

前几年，有企业邀请我去给他们的员工讲儿童安全预防讲座，其初衷也多半是企业给予他们员工的一种福利。近些年，随着网络信息的日新月异，越来越多的儿童伤害信息尽显眼前。一时间，儿童安全话题成了人人无法回避的重要议题被广泛讨论。无论是网络上的新闻热点，还是两会上代表们踊跃发声的提案，都对中国儿童安全的教育倾注了深情。由此，我也看到越来越多的企业将“儿童安全培训”列为重要内容，不再是简单的福利馈赠，而是将此纳入了企业社会责任一部分。

如此的受重视程度，可以说，中国的孩子们，有福了。

十年前，我有幸成为全球儿童安全组织（中国）高级传讯顾问，专注于儿童意外伤害预防的数据研究和常识传播工作，在每天大量的伤害信息中，我发现几乎所有的意外发生都是有共性规律可循的。比如暑期是儿童溺水高发期；燃气中毒或烧烫伤是年底到春节期间最多的伤害类型；幼童发生高楼坠亡的起因多和看护缺失有关；而因盲区造成的汽车碾压意外，也多因孩子跑过马路所致。由此，做好儿童伤害预防的重要工作，就是学习基本常识、了解事件本质、注重行为培养。

这套书的出版，定位于学生人群，从文风、画风和游戏设计，都贴近青少年的阅读习惯。众所周知，做安全教育有个难点，就是人群定位。不同年龄段的孩子，宣讲的方式和内容截然不同。比如 0~3 岁的宝宝，处在感知世界最丰富的年龄段，家长的教育应侧重于如何帮助他们建设家中的安全环境。4~6 岁的幼童，开始了社会交往，不安于居室，放眼于户外，父母要多用游戏互动的方式来进行亲子教育，通过角色扮演让孩子感受危险的定义。进入小学阶段的儿童、低年级和高年级的安全教育也是有区分的。普及形式由游戏体验到实训学习，都需要建立一整套有针对性的课程体系。

这套书很好地抓住了小学至初中阶段儿童的行为和认知特点，侧重行为指导。比如，校园安全部分，将课间容易发生的冲撞、打闹等充满隐患的行为，单列出来，明确正确的行为指导，以正视听；生活场景中，将孩子们容易发生在公共场所的危险行为列举出来，比如乘坐自动扶梯的正确姿势等；健康生活场景里，一些生活的急救小常识也非常实用；在交通安全方面，青少年更要加强遵纪守法教育，每年我国因道路伤害致死致残的儿童，有近 2.2 万人之多。道路伤害是 1~14 岁中国儿童第二位死因，是 15~19 岁少年第一位死因。而步行和乘坐机动车是发生交通意外的主要交通方式。因此，规范儿童的步行习惯，比如专心走路、不要戴耳机、不低头看手机等，是避免伤害的重要一课。

全球儿童安全组织创建者——美国华盛顿儿童医学中心烧伤科医生马丁博士曾说：“没有偶然的事故，只有可预防的伤害。”在传播儿童安全教育的十多年中，我深刻体会到这句话的意义。**来自生活中的伤害，看似属于意外，其实 99% 都是可以预防的。**认识到环境对伤害发生的影响就会从源头杜绝隐患发生；了解到行为对伤害结果的影响就会主动改过自新，养成好习惯，从而提高安全意识。

希望更多的孩子从这套书中学到安全常识，注重改变陋习，真正践行平安一生的承诺。

前言

平时居住的家园，是我们生活、休息、学习的地方和情感的港湾。可是你知道吗？再安全的地方也存在着一些安全隐患。火灾、大雾、不正确地使用家用电器等，这些潜伏在我们身边的安全隐患，不时地威胁着我们的生命。所以我们要多掌握一些生活安全常识，就能在灾害发生时不至于手忙脚乱、束手无策，从而更好地保证我们的生命安全。

目录

面对火灾

火是我们的朋友，但使用不当或玩火，就可能会造成火灾，酿成大祸。当面对火灾时，我们该怎么办？

1. 如果是自家着火，而且火势不大，就不要错过时机，力争把火灾消灭在初起阶段。或许仅用几桶水或灭火器就可以扑灭。

2. 如果是邻居家着火，在门把手还不热，走廊里有浓烟时，可身披湿被或湿衣服，用湿毛巾等物捂住口鼻，蹲下身，通过安全口迅速撤离。

3. 如果门外有火苗，首先不要急于打开门窗，要马上关好自己所在屋内的门窗，以防浓烟钻进来。若是一楼或平房可选择从窗户跳出。

4. 如果门外大火已使房门很烫，千万不要贸然开门，设法从相反方向逃生。住高楼时，可利用绳子或床单等拧成的绳子从窗户顺绳而下。千万不要跳楼。

5. 若火势凶猛，无法逃离，就用湿棉被、床单等堵紧门缝，设法到水池边或窗户旁通风好、不易燃烧的地方暂时躲避。

6. 及时拨打火警电话“119”，并站在窗户边大声呼救或挥动醒目的物品，以便被发现。

煤气泄漏

煤气泄漏时会造成煤气中毒。煤气中毒也叫“一氧化碳中毒”。人一旦大量吸入煤气，严重者会死亡。那么，当发现煤气泄漏时，我们应该怎么办呢？

1. 一旦闻到家里有煤气味儿时，首先要屏住呼吸，或用湿毛巾掩住口鼻，以免过多地吸入煤气。

2. 立即找到煤气阀门，关闭煤气。

3. 千万不要点火，也不要开启抽油烟机、电灯等任何电器，防止出现火花引起爆炸。

4. 快速将门和窗户打开，这样让新鲜的空气对流，以降低室内煤气浓度。

5. 若煤气泄漏严重，应在室外及时拨打火警电话“119”，并马上告知父母，请专业的维修人员进行维修。

6. 如果有轻度煤气中毒症状，如出现头晕、乏力、恶心、呕吐、脸色苍白等症状，要迅速转移到通风好、空气新鲜且温暖的环境，并及时到医院救治。

油锅起火

在家中做菜时，如果火过大或油温过高，都很容易把锅内的油烧着。一旦油锅着火没能及时扑灭，是十分危险的。那么这时我们该怎么办呢？

1. 当遇到油锅内起火时，首先要把燃气阀门迅速关上，切断电源，以免引起火灾。

2. 不要惊慌，更不能把油锅扔出去。若使油溅到可燃物上，火就会很快蔓延。

3. 可用锅盖或面盆快速盖到油锅上，以隔绝火与空气的接触，这样火会慢慢熄灭。

4. 如果这个时候手边有新鲜青菜，可以快速将青菜倒入油锅中，这样也可以快速降温，从而达到灭火的目的。此外，湿抹布、沙土也可以用来灭火。

5. 如果可能，可用泡沫或干粉灭火器迅速灭火。如果没能及时扑救，火势蔓延了，要立即拨打火警电话“119”。

6. 千万不能用水去灭火。因为油会浮于水面之上，火仍能继续燃烧，油火到处飞溅，反而会扩大火势。

电器着火

所有人家里都离不开电器，一旦电器发生故障或出现异味、着火时，就应提高警惕，并及时采取措施。

1. 电器一旦着火，千万不要惊慌，首先应立即关掉室内的总电源。

2. 不能用手直接去拉拽电器，这样很容易发生触电意外。

3. 拉闸时要戴绝缘手套或站在木凳上，以免触电。

4. 断电后，若火势不大，可用隔绝空气法灭火。如用湿棉被、湿毛毯等不透气的物品包裹电器来扑灭火苗，这样还可以防止电器爆炸。

5. 如果火势比较大，自己无法扑灭，就要及时拨打火警电话“119”，并迅速逃离现场。

6. 绝不能用水去灭火，水能导电，那样很容易触电，也容易导致爆炸，非常危险。

电风扇旋转

炎热的夏天，电风扇吹来的风真凉爽。不过电风扇是个危险的“家伙”，大家在使用时也要格外小心才好。

1. 不能让电风扇直接吹向你，忽冷忽热，容易伤风感冒。

2. 长发的女孩不要离它太近，以免长发被卷进去发生危险。

3. 电风扇在工作时，千万不要将手指或身体的任何一部分伸到扇叶中，否则后果非常严重。

4. 也不要将铅笔、木棒、尺子等物品放入正在工作的扇叶中，快速旋转的扇叶可能会将它们弹出，从而伤到自己。

5. 电风扇是带电的家用电器，所以，同学们千万不要用带水的手去开关电风扇。

6. 不要长时间连续使用电风扇。一旦出现故障，要立即拔掉电源，让家长求助专业人员修理。

有人触电

电给人类生活带来了许多便利，但如果不注意安全用电，那么电也会给我们带来伤害。一旦有人触电，我们应该怎么办呢？

1. 这时要迅速切断电源，并迅速求助专业医护人员来救人。

2. 若情况紧急，可用干燥的木棍、木板、木凳等绝缘体把人与电源拨开。

3. 注意，千万不要用手去拉，因为人也是一种导体，会导电，这样很危险，施救者也容易被电击中。

4. 如果触电者倒在潮湿的地方，施救的人必须踩着干燥的木椅或穿胶底鞋，再戴上橡胶手套，然后才可以用木棍等绝缘物体将触电者拨开。

5. 如果伤者已昏迷，应让伤者平卧，并移至通风环境好的地方。

6. 如果伤者已停止呼吸和心跳，就应在进行人工呼吸的同时进行胸外心脏按压，并及时送往医院抢救。

使用电热杯

电热杯使用起来很方便，一会儿就把水烧开了，但如果我们使用不当，也很可能引发火灾事故。那么，我们在使用电热杯时，应注意什么呢？

1. 使用电热杯烧水时，人不能离开，绝不能把水烧干，以免爆炸或着火。

2. 使用电热杯烧水时，水不能加得过多，这样容易在沸腾后溢出，发生导电伤人事故。

3. 水烧开了以后，不要急于取杯子，应先拔下电源后再取杯子，如果插头被弄湿了，要待擦干后再用。

4. 在烧水过程中，不能用手随意去触摸电热杯的金属外壳，以免漏电造成伤亡。

5. 烧水时，电热杯如果出现故障，千万不要先去拿电热杯。应先切断电源，然后才可以检查，以免触电伤人。

6. 清洗时不要泡在水中，谨防杯内电热装置进水，发生电源短路，酿成事故。

使用电热毯

冬天的时候，我们可能会使用电热毯，当然，电热毯给我们带来了温暖，但如果使用和保护不当，也会造成触电和火灾。那么，我们在使用电热毯时应该注意些什么呢？

1. 电热毯之所以暖和，是因为里面有电阻丝发热，从而产生热量。所以，在通电时，绝不能折叠和揉搓电热毯，以免电阻丝断裂发生短路，引起火灾。

2. 也不要把直线型的电热毯放在软床和沙发上使用，以免损坏电阻丝引发火灾。

3. 一般通电30分钟左右，温度就可以改为低挡或者关掉，以免温度过高引起烫伤事故。

4. 用完电热毯，千万不要忘记关掉电源，以免引发火灾。打湿后的电热毯一定不能使用。

5. 如有破损，一定要请专业人员修理。要经常仔细检查有无漏电和破损现象。

6. 使用时发现电热毯起火，要先拔掉插头，再扑火。不要在铺有电热毯的床上蹦跳或放置重物。

使用电视机

电视机给人们带来了欢乐，是人们增长知识、了解世界的窗口。但如果使用和保管不当，也会带来十分严重的后果。

1. 在使用过程中，发现电视机有冒烟、冒火花、发出焦煳异味等异常现象，应立即关掉电源开关，停止使用。

2. 电视不要看得太久、开启时间太长，也不要无节制地反复开关，以免影响使用寿命。

3. 电视机旁禁止放酒精、汽油等易燃物品，并且要远离电源和带有磁性的物体，如磁铁、音响等。

4. 要把电视机放置在通风、干燥的地方。

5. 看完电视后，不要急于遮盖，应等它冷却后再遮盖，并关闭电源开关，要保持这种良好的看电视习惯。

6. 若遇雷雨天气，最好把墙上的电源及天线插头拔掉，以免把雷电引入室内损坏电视机。

使用插座

每个家庭都离不开插座。插座是用来接通电器电源的，也可以说它是一个“电老虎”。同学们不要随便和它玩游戏，否则，后果会非常危险。

1. 通常情况下，家里的插座都是通电的，所以，同学们千万不要用钢笔、铁丝、手指等去接触插座，否则会有触电的危险。

2. 如果发现插座不通电时，不能为了看是否进了脏东西而用手指去捅。

3. 千万不能用带水的手去触摸电源。
不能插在临时插座上！
4. 电瓶车充电时间长，插头不能接在临时插座上。

5. 插座不能随意插接电炉。插座负荷过重容易发烫，会引起周边纸张、木制品等易燃物燃烧，造成火灾。

6. 如果发现身边有触电的人，记住，不要用手去拉，也不要与他的身体发生任何接触，而是应该及时把电源切断，再用绝缘的物体把电线挑开。

电梯停运

当你乘坐电梯时，电梯突然坏了，被困在电梯里时，你该怎么办？

1. 如果电梯忽然不动了，可以先停在原处稍等一会儿，然后按下关门键，再按需要到达的楼层，也许稍等片刻电梯就会正常运行。

2. 按照上一步做完后，如果电梯仍然停留在原处没有移动，则要寻找紧急求救键。一般求救键上都会画有一个铃铛。当警铃响后，就会有保安赶到，将被困者救出。

3. 若警铃没响，则可以拨打“110”报警或用力地去敲门、拍捶墙壁等，并且可以大声呼救，这样就会引起外面人员的注意，从而将被困者救出。

4. 如果周围没有人，可暂时歇息，保持体力，待听到外面有响动时，再敲打喊叫。

5. 千万不可以打开电梯顶部的安全窗，这样会更加危险。

6. 切记一点，当电梯不动时，千万不要试图扒开电梯门逃生。因为电梯随时会启动，这样会造成非常严重的后果。

发生地震

在地震发生之前，动物、气候、地下水等往往都有一些异常的表现。如水位突然上升或下降，鸡犬牛马狂叫不止。如果大家能提高警觉，注意震前的异常现象，就可以提前避险。那么，如果发生了地震，你该怎么办？

1. 在室内时，应迅速跑到屋外空旷地带躲避。住在高楼上的人千万不要跳楼，不要使用电梯。在地震过后，迅速跑到楼下宽阔地带。

2. 如来不及跑出去，可用枕头、书包或被褥等物顶在头上，暂时躲到卫生间、厨房、承重墙处躲避。

3. 若是靠着墙，可先靠墙根蹲着，趁地震暂停的间隙，迅速跑到外面空旷的地方。

4. 若在户外，千万不要乱跑，要选择开阔的场地趴下。要远离高大危险的建筑物及加油站等危险的地方。

5. 若在公共场所，不要随人流拥挤，以免发生踩踏事件。尽快躲到坚实的柱子边、排椅下。

6. 如果你被压在废墟下，千万不要慌张，用衣服捂住口鼻，以防吸入有毒气体。注意保存体力，不要总是大声喊叫、哭泣，可用石头等敲击物体发出求救信号，等待救援。

洪水来临

洪水如猛兽，来势凶猛，它会冲毁我们的家园，甚至还会夺走我们的生命，所以同学们从小就应该掌握一些自救方法，以便保护自己。

1. 洪水暴发时，应迅速向就近地势高的与洪水流向垂直的两侧地带或坚固的屋顶、高楼、大树等地转移。

2. 准备必需物品。如果时间充足，在逃生之前，还要记得带上手电筒、哨子、厚衣服及食物和水等必需物品。

3. 一旦被洪水卷走，千万不要惊慌，一定要设法迅速抱住较大的漂浮物。如门板、大床、轮胎或大树等，游到岸边或等待救援。

4. 等待救援时可挥动鲜艳的或有亮光的物体，以便被营救人员发现，及时得到救助。

5. 洪水来了，千万不要冒失游泳或蹚水过河，以免被凶猛的洪流卷走。

6. 洪水暴发时，要远离电线杆、铁塔等危险物体，以免触电。

森林着火

野外森林着火，一般火势比较大，如遇到这种情况，一定要保持冷静，在报警的同时，还要想办法自救。那么，这时我们该怎么办？

1. 首先要辨清风向，逆风而逃。因为火会顺着风蔓延，奔跑的速度比不上风的速度，顺风跑会很危险。注意，浓烟的方向标志着风的方向。

2. 迅速找一个没有树的地方或其他烧不到的地方躲避。如果附近有河流、水沟或池塘等，也可以在那儿躲避，但切忌到深水处，以防溺水。

3. 如果已被大火包围，也找不到可以躲避的地方，可利用手中的工具迅速将身边周围3米以内的草木割掉，从而使自己周围没有可燃物。

4. 如果有通信工具，在逃生的同时马上拨打火警电话“119”报警求救。

5. 逃生时最好用湿衣服遮住鼻子和嘴，以免被浓烟熏倒。

6. 千万不要参加灭火救灾。因为你还太小，没有这种能力，而且相关法规也禁止中小学生参加救火。

大雾弥漫

大雾的天气，到处都是灰蒙蒙的，能见度较低。所以，在大雾天气时，同学们应尽量减少外出，如果必须出行，就一定要格外注意安全。那么，在遇到大雾天气时，我们出行要注意什么呢？

1. 大雾天气，雾中的有害物质容易造成气管炎、咽喉炎等炎症，所以同学们不要在雾中进行体育锻炼，更不能在雾中做剧烈运动。

2. 大雾天能见度低，外出时可以穿比较鲜艳的衣服，这样有利于司机师傅及时看到自己，以防发生交通事故。

3. 雾天外出时，一定要戴口罩，这样可以有效减少有害物质的吸入，从而保障我们的身体健康。

4. 大雾天能见度低并且路面湿滑，所以同学们在雾天走路时一定要留神，切不可四处张望或与小伙伴嬉戏打闹。

5. 雾天出行时，一定要靠右侧通行，遵守交通规则。注意路面“杀手”，如下水井、深坑及施工工地等。如果可以就打开手电筒或其他带光亮的物体照着路面前行。

6. 大雾天乘坐公交车更应该保持秩序，不可拥挤或者集体滞留在交通密集的地方。

沙尘暴袭来

我国许多地区都很容易发生沙尘暴，它是一种灾害性天气。沙尘暴来临时，能见度很低，会污染空气，引起眼睛发炎和呼吸道发炎，甚至影响全球的气候变化。那么，当沙尘暴袭来时，我们应该注意什么？

1. 如果刮沙尘暴时，自己正好在家里，那么一定要关好门窗，保证室内空气洁净。

2. 沙尘暴会带来很多尘土，所以同学们要尽量减少外出，可在室内活动。

3. 如果必须外出，同学们一定要记得戴口罩、眼镜或用衣物、纱巾等蒙住头部，遮蔽外露的皮肤。

4. 如果在户外狂风骤起，要在高坡的背风一侧，顺着风向趴地并紧紧抓住牢固的物体，同时要把头放于双臂之间。

5. 注意高空坠物。远离高空的广告牌、高压线、窗户及高大的树木和建筑物等，防止发生危险。还应远离河边，避免风向变化发生意外。

6. 若在刮沙尘暴时外出，回到家后应该立即把脏衣服换掉，并且及时洗手洗脸。

遭遇冰雹

冰雹是由强对流天气引起的气象灾害，小冰雹相对于地震、洪水来说没有那么大的杀伤力，但同学们也应该注意保护自己，以免被砸伤。这时我们该注意什么呢？

1. 下冰雹时，如果同学们不巧正在室外，那么应该立即用雨具、书包或其他物品保护头部，并且还要尽快跑进附近的建筑物内躲避。

2. 下冰雹时，同学们应该在室内躲避，切不可贪玩出去捡冰雹。

3. 下冰雹时，同学们要关好门窗，并且不可站在窗前或阳台上，以免被冰雹砸伤。

4. 冰雹来临时，常常伴有雷雨，切记不要到高处、大树下、高压线和金属物体附近，以防雷击。

5. 冰雹来临时，不要靠近河岸，防止伴随冰雹而来的大风把自己吹入河中，发生意外。

6. 冰雹看上去晶莹剔透，其实冰雹很不干净，含有许多有害物质，所以，同学们切不可食用冰雹。

电闪雷鸣

电闪雷鸣是一种自然现象，但它有极强的伤害力和破坏力，所以，在电闪雷鸣时，同学们应该注意避免被雷电击中。那么，在雷电交加时，我们该怎么办？

1. 雷雨交加时，若你在室外，应及时寻找安全避难所，比如装有避雷针的建筑物，有完整金属车厢的车辆也是很好的避难所。

2. 绝不能躲在大树下，即便为了避雨，至少也要在离大树5米之外的地方避雨。也不能躲避在电线杆、金属栏杆和变压器下。

3. 遇到电闪雷鸣来不及躲避时，不要在高处或宽阔的广场上行走，应迅速在低洼处蹲下来，蜷缩身体，尽量缩小暴露面。

4. 雷雨天气尽量减少骑自行车和电动车，也不要在大树、电线杆下行走，尽量不要在户外接打手机。

5. 在家时，要关好门窗，防止球形闪电进入室内。尽量不使用电话及家用电器。在室内也不要靠近金属物体，如金属门窗、暖气管、水管等。

6. 一旦突然感到皮肤颤动、头发竖起或浑身发麻时，很可能是遭到雷电袭击，应立刻躺在地上或蹲下，这样比站立更安全。

放风筝

放风筝是一项非常有趣的游戏，但如果选择的场所不合适，是很容易发生意外危险的。那么，我们在放风筝时需要注意什么呢？

1. 要选择平坦、开阔的地方放风筝，比如广场，这样可以避免发生磕碰危险。

!!
2. 要远离高压线、电线杆等危险设施，如果风筝缠在高压线上，极易发生触电危险，后果不堪设想。

3. 小区、街道、天桥等人群密集、建筑物密集的场所都不适合放风筝，这些地方很容易引发交通事故，发生意外伤害。

4. 不要在公路、大桥、铁路、飞机场附近放风筝。也不要去楼顶、河边等地放风筝，会有摔下楼或失足落水的危险。

5. 气候恶劣时不能放风筝，如刮大风和雷雨天都不可以放风筝，如果遇到雷雨要迅速离开空旷地带，否则容易被雷电击中。

6. 一旦风筝被物体缠住，要立即松手，不能硬拽，以防手被拉伤。风筝放飞时断线或挂在树上、电线上不要贸然去取，以免触电和摔伤。

燃放烟花

每逢过年，人们总会燃放烟花爆竹来庆祝新年，这是我国的传统民俗习惯。可是，烟花虽然美丽，但若燃放不当，也会造成很大的伤害。那么，同学们在燃放烟花爆竹时，应注意些什么呢？

1. 如果想要放烟花，最好是在大人的监督下进行。选择安全系数高、危险性较小的烟花爆竹，这样不容易发生危险。

啊！
2. 燃放时，一定要把烟花固定好再点燃，点着后迅速远离，返回到安全地带。不要直接用手拿着，以免手部受伤。

3. 要是鞭炮点燃后没有响，大家千万不要马上过去查看，以免被突然爆炸的爆竹炸伤。

4. 不要在室内、楼道内、阳台上燃放，这样十分容易引发火灾。

5. 燃放点要选择开阔的空地，标有禁止烟火的有易燃易爆物品的地方绝对不可以燃放烟花爆竹，以免引发火灾，造成人员和财产的损失。

6. 千万不要去垃圾里捡燃放过的爆竹，这样不仅容易感染细菌还容易被隐藏在其中没有燃尽的爆竹炸伤。千万不能将点燃的鞭炮丢进下水道盖子上的小孔里，因为下水道中有危险易燃气体，遇明火则会发生剧烈爆炸，造成人员伤亡。

商场走散

如果在商场熙熙攘攘的人群中突然找不到爸爸妈妈了，不小心和他们走散了，这时该怎么办？

1. 千万不要着急，要保持冷静，更不能大声哭叫，让坏人有机可乘。

2. 不要漫无目的地乱跑，尤其不能随便告诉陌生人你和爸爸妈妈走散了。

3. 如果附近有电话，可打电话和爸爸妈妈联系。告诉他们你所在的位置，不要再随意走动。

4. 寻求警察叔叔或商场工作人员的帮助。可以请商场的工作人员用广播帮助寻找父母。

5. 可以在原地等待一会儿，也许爸爸妈妈正在不远的地方找你呢。
我带你去找爸爸妈妈！
哼！
6. 绝不要随便告诉陌生人你和家人走散了，防止被骗。不听信陌生人的话，不跟陌生人走。

乘坐扶梯

现在许多的火车站、飞机场、地铁及商场等公共场所都有自动扶梯，那么，我们在乘坐扶梯时要注意什么呢？

1. 乘坐自动扶梯的时候，要自觉礼让，有秩序地搭乘，不和其他人拥挤。在人多时，一定要听从工作人员的指挥。

2. 在自动扶梯上要保持安静，不要相互打闹，以免发生危险。看到携带重物者或调皮打闹的小朋友乘电梯时，请主动远离他们，保持安全距离。

3. 耐心等待扶梯自动升上去，不要在扶梯上随意奔跑，也不要将身子趴在扶手上，那样很危险。

4. 乘坐自动扶梯时，不要逆行，以免与别人发生碰撞或被绊倒。

5. 不要在自动扶梯上跳跃，这样容易碰到上方的建筑物或其他物体，造成严重后果。

6. 乘坐自动扶梯时，不要故意向电梯缝隙中塞异物，更不能把手指塞进去，以免造成危险。

找不同

这位小朋友用铁丝去捅插座孔是十分危险的。左右两幅图中有 9 处不同，请你在右图中把它们圈出来。

选择游戏

这位小朋友在家里随便玩火，这种做法对吗？

A. 只是玩玩打火机，没问题。

B. 不可以，周围有很多易燃物，随便玩火容易发生危险。